Toshanlal Meenpal
Amit Verma

Uma visão geral da classificação de imagens

AF301095

Toshanlal Meenpal
Amit Verma

Uma visão geral da classificação de imagens

ScienciaScripts

Imprint

Any brand names and product names mentioned in this book are subject to trademark, brand or patent protection and are trademarks or registered trademarks of their respective holders. The use of brand names, product names, common names, trade names, product descriptions etc. even without a particular marking in this work is in no way to be construed to mean that such names may be regarded as unrestricted in respect of trademark and brand protection legislation and could thus be used by anyone.

Cover image: www.ingimage.com

This book is a translation from the original published under ISBN 978-613-3-99025-8.

Publisher:
Sciencia Scripts
is a trademark of
Dodo Books Indian Ocean Ltd. and OmniScriptum S.R.L publishing group

120 High Road, East Finchley, London, N2 9ED, United Kingdom
Str. Armeneasca 28/1, office 1, Chisinau MD-2012, Republic of Moldova, Europe
Printed at: see last page
ISBN: 978-620-8-07074-8

Conteúdo

Prefácio

O livro contém 3 capítulos. *O Capítulo 1* apresenta uma introdução pormenorizada sobre o campo da compreensão de imagens. Neste capítulo, ficamos a conhecer as diferenças na compreensão visual dos seres humanos e do sistema visual artificial, como a câmara. A necessidade e o âmbito da compreensão de imagens também são mencionados neste capítulo.

O capítulo 2 trata dos princípios básicos e dos desafios da classificação de imagens. Neste capítulo, explicámos diferentes modelos de classificação de imagens, principalmente *Bag of Words (BoW)* e *Convolutional Neural Network (CNN)*. Na secção Bag of Words (Saco de Palavras), estudaremos diferentes detectores e descritores de caraterísticas de baixo nível. O agrupamento de caraterísticas e a aprendizagem do classificador são também explicados de forma sucinta. Na parte final do capítulo, veremos o modelo CNN para classificação de imagens. A arquitetura da CNN, as funções de ativação e a formação de parâmetros são explicadas em pormenor. O capítulo também dá uma breve ideia da evolução das CNNs ao longo dos tempos no domínio da classificação de imagens.

No Capítulo 3, concluímos o livro com algumas aplicações e problemas de investigação em aberto, para dar um ponto de partida aos investigadores e académicos neste domínio.

Agradecimentos

Os autores estão sempre gratos ao Todo-Poderoso por os ter guiado na sua perseverança e os ter abençoado com realizações.

O Dr. Toshanlal Meenpal gostaria de agradecer aos seus pais pelo seu constante encorajamento e apoio; à sua esposa Ankita pelo seu amor e paciência e à sua pequena princesa, a filha Aarini.

O Sr. Amit Verma gostaria de agradecer aos seus pais e à sua esposa Nidhi, que assumiram muitas responsabilidades adicionais durante o período em que este livro foi escrito.

1 Introdução

Estamos na era da explosão da informação digital. Em todos os tipos de dados, há um tipo específico que domina a nossa vida: o multimédia, ou seja, as imagens e os vídeos. Segundo as estimativas da CISCO, em 2016, os dados sob a forma de pixéis, sobretudo fotografias e dados multimédia, representam mais de 80% do espaço cibernético. Este tipo de dados é carregado, descarregado, partilhado e, pura e simplesmente, atravessa o espaço cibernético. A razão subjacente a esta explosão de dados multimédia é outra explosão, ou seja, a explosão de sensores visuais. Na última década, registaram-se muitos avanços nos sensores visuais. Toda a gente tem um telemóvel inteligente ou uma câmara. A avaliação dos meios de comunicação social, como o Facebook, o Instagram, o Twitter, etc., também funcionou como patrulha no fogo.

Assim, para gerir todos esses dados, tornou-se muito importante compreender o seu conteúdo. Por exemplo, em cada 60 segundos são carregadas 150 horas de dados no servidor do YouTube, mas até à data a pesquisa está dependente do

Figura 1.1: Exemplo de um rapazinho

metadados como o nome do ficheiro, o nome de utilizador e as etiquetas. Ainda assim,
não conseguimos pesquisar um vídeo pelo seu conteúdo.

Isto leva-nos a concluir que os dados de pixéis são a matéria negra do espaço universal.
Sabemos que temos muitos deles, mas não sabemos o que está lá dentro.

Mas porque é que é tão difícil? Tu e eu vemos coisas, as máquinas fotográficas podem
tirar fotografias como na figura 1.1.

Podemos ver a imagem e tirar múltiplas conclusões como, por exemplo, que há um
rapaz, que o rapaz vai comer o bolo, que está a olhar para o bolo e muitas outras. Mas
é assim que vemos. A câmara verá a mesma imagem, semelhante à da figura 1.2. A
câmara simplesmente converte o reflexo das luzes numa imagem bidimensional

Figura 1.2: Exemplo de um rapazinho com informação de píxeis

de números conhecidos como pixéis, mas estes são apenas números sem vida. Não têm

qualquer significado em si mesmos. É importante compreender que ver não é apenas

tirar fotografias, ver é compreender o conteúdo da imagem.

Trata-se de uma tarefa difícil, porque a mãe natureza levou milhões de anos a criar o

sistema de visão humano, que é o mais poderoso e melhor sistema de visão até hoje. A

maior parte do esforço foi empregue no desenvolvimento do aparelho de

processamento visual do nosso cérebro e não dos olhos em si. Assim, a visão começa

com os olhos, mas tem verdadeiramente lugar no cérebro.

A compreensão do conteúdo das imagens e dos vídeos conduz a várias aplicações. As

imagens podem ser etiquetadas com base no seu conteúdo, em vez de serem etiquetadas

manualmente. Estas etiquetas, juntamente com os meta-dados, conduzirão à criação de

uma nova caixa de pesquisa. Pode também ser útil para fins de vigilância, como a

monitorização de eventos em interiores e exteriores, assistência à condução segura, aviso de actividades nocivas, bloqueio de conteúdos para adultos nos resultados da pesquisa. A compreensão da imagem está a influenciar várias aplicações, como o reconhecimento facial, a verificação de parentesco, a deteção e segmentação de objectos e muitas outras.

Neste livro, vamos dar-lhe a conhecer a compreensão e o crescimento da imagem ao longo dos tempos, juntamente com algumas implementações.

2 Classificação de imagens

A categorização visual de objectos a partir de imagens é uma área de investigação importante no domínio da visão computacional e suscitou muito interesse na última década. Na categorização visual de objectos, um objeto é categorizado de acordo com o conteúdo visual da imagem. Por exemplo, a imagem (figura 2.1) representa um modelo de categorização que classifica a imagem entre 3 classes prováveis (cavalo, vaca e cães).

2.1 Desafios na classificação visual

A classificação visual parece ser muito fácil para um ser humano normal, mas para um computador é um grande desafio. O computador precisa de ser treinado de forma semelhante a uma criança pequena e, quando se trata de imagens, torna-se ainda mais difícil, pois tem de lidar com vários outros desafios. Alguns deles são enumerados a seguir.

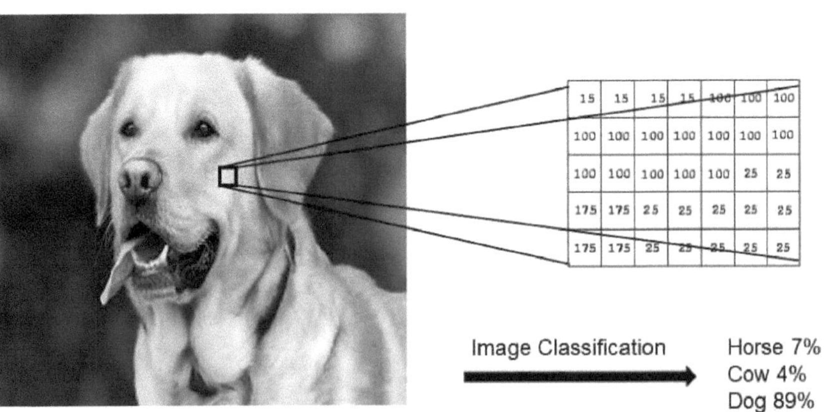

Figura 2.1: Atribuição de uma única classe utilizando a percentagem de confiança calculada a partir dos valores dos pixéis, como mostra a figura.

• Iluminação Diferentes condições de iluminação conduzem a diferentes valores de pixéis para imagens semelhantes.

• Deformação Por vezes, os objectos são tão flexíveis que se deformam.

• Diferença de escala Os objectos de classes semelhantes apresentam uma grande variação de tamanhos.

• Fundo O fundo pode ser muito forte e dificultar

para identificar o objeto

• Oclusão Uma parte do objeto fica oculta.

• Variabilidade no conjunto de dados Podem existir diferentes versões de um objeto semelhante.

• Ângulo de visão O ponto de vista da câmara faz com que os objectos semelhantes pareçam diferentes.

2.2 O modelo do saco de palavras

Um modelo de saco de palavras, também designado por saco de caraterísticas, é uma forma de extrair caraterísticas do texto para utilização na modelação, por exemplo, com algoritmos de aprendizagem automática. Foi desenvolvido por Csurka et al. [7] em 2004 para a classificação de imagens. Neste documento, classificaram sete objectos diferentes nas respectivas classes.

Neste modelo, uma imagem é considerada como um documento e as caraterísticas da imagem são designadas por palavras visuais. O conceito de modelo de saco de caraterísticas é muito fácil de compreender, ou seja, quando vemos um documento, pode haver certas palavras cuja frequência é demasiado elevada em comparação com outras. Estas palavras são designadas por vectores de código [35]. A abordagem do saco de palavras tem sido utilizada em várias aplicações de classificação de texto [25]. Do mesmo modo, a partir das imagens de treino, detecta as manchas semelhantes e trata-as como descritor dessas imagens. A figura 2.3 apresenta uma ilustração. As principais vantagens do método são a sua simplicidade,

Figura 2.2: Diferentes desafios na categorização de imagens

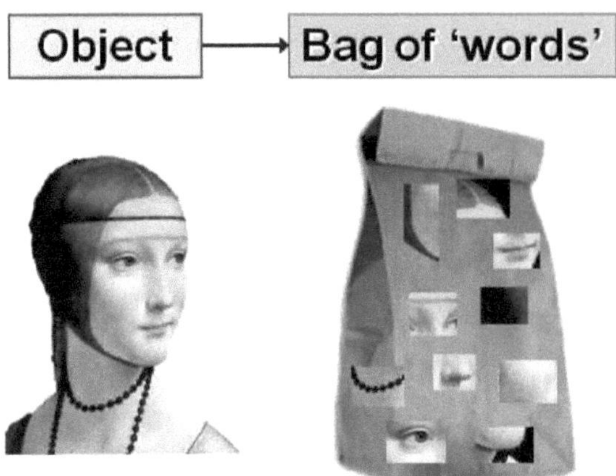

Figura 2.3: O modelo de saco de palavras

eficiência computacional e a sua invariância às transformações afins, bem como à oclusão, iluminação e variações intra-classe.

A abordagem de classificação de imagens baseada no saco de palavras envolve os seguintes passos:

1. Deteção de pontos caraterísticos.

2. Cálculo do descritor em torno dos pontos de interesse.

3. Quantização dos descritores em palavras (vetor de código).

4. Encontrar as frequências das palavras na imagem para a geração do livro de códigos.

5. Aprender um classificador

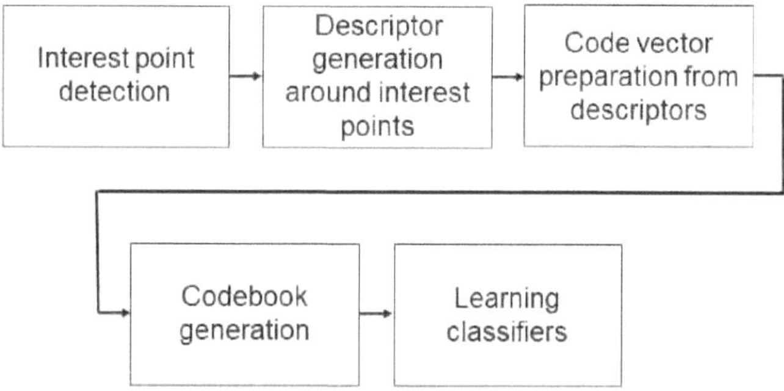

Figura 2.4: A abordagem do saco de palavras

2.2.1 Deteção de pontos caraterísticos

No Bag of Words, o primeiro passo é detetar pontos de características utilizando diferentes descritores de características. As características importantes são calculadas em torno de alguns pontos selecionados. Estes pontos são designados por pontos de interesse. O objetivo é encontrar pontos semelhantes para o mesmo objeto em duas imagens diferentes. Estes pontos-chave podem ser obtidos através de vários métodos, como a deteção de bolhas [26] por diferença de gaussiana, a deteção de cantos e bordos [17] por detetor de harris.

2.2.2 Cálculo do descritor em torno dos pontos de interesse.

Existem muitos descritores de características conhecidos que podem ser utilizados para detetar pontos de interesse numa determinada imagem.

Scale Invariant feature transform (SIFT) O descritor SIFT calcula a diferença de Gauss sobre um ponto amostrado utilizando a magnitude e a direção [27]. Este descritor é invariante à transformação afim. Também é invariável às alterações geométricas numa imagem. É um dos mais populares detectores de caraterísticas de baixo nível. O descritor SIFT calcula os gradientes em torno de um ponto de interesse. Estes gradientes são depois divididos em vários compartimentos utilizando a magnitude e a orientação. A figura 2.5 apresenta um exemplo de cálculo do descritor SIFT.

O SIFT é a escolha principal, mas alguns dos outros descritores de caraterísticas são discutidos abaixo:

- Caraterísticas robustas aceleradas (SURF) As caraterísticas SURF [2] são um detetor de caraterísticas robusto e invariante à escala, com elevada repetibilidade, que detecta uma estrutura semelhante a uma mancha em torno dos pontos de interesse de cada imagem, também designados por pontos SURF. Utiliza a aproximação da matriz Hessiana para a deteção de manchas (caraterísticas). Para um dado ponto $X = (x, y)$ numa imagem I, a

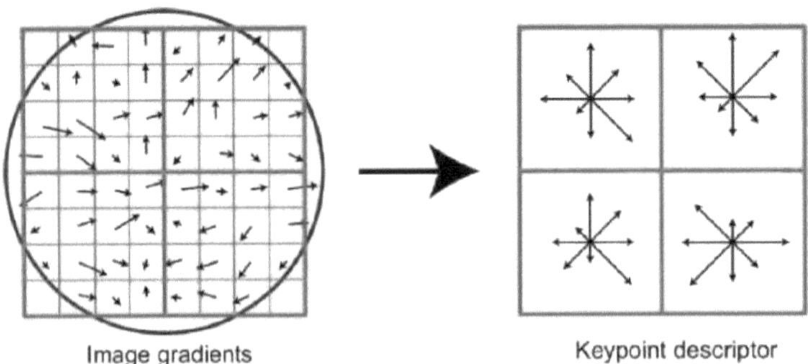

Figura 2.5: Um exemplo de cálculo do descritor SIFT é apresentado na figura. O gráfico do gradiente 8×8 calculado em torno de um ponto de amostra. A magnitude e

a direção de cada gradiente são indicadas no gráfico. Os blocos 4 × 4 são fundidos. As orientações são divididas em 8 compartimentos e as magnitudes correspondentes são somadas, obtendo-se assim um descritor 2 × 2.

A matriz Hessiana H(X, σ) em X à escala σ é definida do seguinte modo

$$H(X,\sigma) = \begin{bmatrix} L_{xx}(X,\sigma) & L_{xy}(X,\sigma) \\ L_{xy}(X,\sigma) & L_{yy}(X,\sigma) \end{bmatrix} \tag{2.1}$$

Em que $L_{xx}(X,\sigma)$ é a convolução da derivada gaussiana de segunda ordem $\frac{\partial^2}{\partial x^2}g(\sigma)$ com a imagem I no ponto X, e do mesmo modo para $L_{xy}(X,\sigma)$ e $L_{yy}(X,\sigma)$.

Uma vez detectado o ponto de interesse, o SURF utiliza as respostas wavelet para a extração de caraterísticas na direção horizontal e vertical. Se for adoptada uma vizinhança de tamanho *20s* em torno do ponto-chave, onde *s* é a escala gaussiana em que a resposta de um ponto de interesse é máxima. Pode ser dividida em 4 × 4 sub-regiões. Para cada sub-região, tomam-se as respostas horizontais e verticais da ondaleta e forma-se um vetor como o seguinte: $v = (\sum d_x, \sum d_y, \sum |d_x|, \sum |d_y|)$, em que d_x é a resposta da ondaleta de Haar na direção horizontal e d_y é a resposta da ondaleta de Haar na direção vertical. Obtém-se assim um vetor de caraterísticas para todas as sub-regiões 4 × 4 de comprimento 64. O descritor SURF calcula os gradientes apenas em duas orientações. Isto reduz a dimensão do descritor, resultando na extração apenas de caraterísticas salientes.

• Caraterísticas do Accelerated Segment Test (FAST) Outro detetor de caraterísticas que utilizámos aqui foi o algoritmo FAST, proposto por Edward Rosten e Tom Drummond[33], que é suficientemente rápido para ser aplicado em aplicações em tempo real. O algoritmo FAST detecta pontos de interesse, também designados por pontos de canto. Um pixel p é um ponto de canto se existirem k pixels ligados num círculo de 16 pixels à volta de p e se todos os k pixels forem mais escuros do que Ic - th ou todos os k pixels forem mais claros do que Ic + th. onde Ic é a intensidade do pixel de p e th é um limiar escolhido. Cada píxel (digamos p) nestes k píxeis pode ter um dos três estados seguintes:

$$S_x = \begin{cases} d & \text{if } I_x \leq I_c - th \text{ (darker)} \\ s & \text{if } I_c - th \leq I_x \leq I_c + th \text{ (similar)} \\ b & \text{if } I_x \geq I_c + th \text{ (brighter)} \end{cases} \qquad (2.2)$$

onde x ∈ {1, 2, 3, ...k}

• Histograma de Gradientes Orientados (HOG) [9] O descritor HOG utiliza o mesmo conceito de cálculo do gradiente do histograma na região do espaço-escala que o utilizado no descritor SIFT. A principal diferença é que o HOG utiliza 9 posições de orientação enquanto o SIFT utiliza 8 posições de orientação.

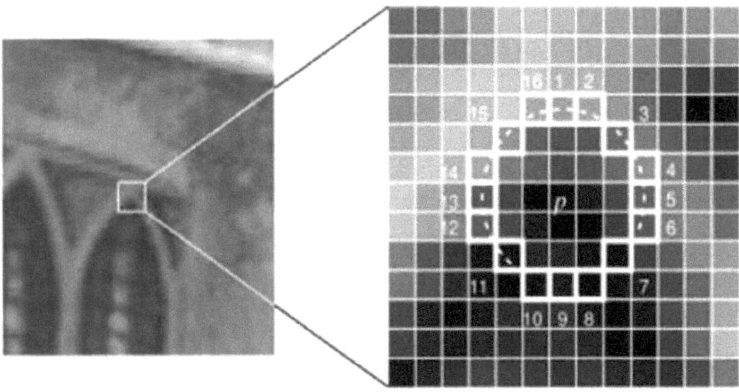

Figura 2.6: Deteção de cantos de caraterísticas FAST

Outros descritores de caraterísticas são Binary Robust Independent Elementary Features (BRIEF) [5], Local Binary Pattern (LBP) [30] e BRIEF rodado (ORB) [34], que podem ser utilizados na deteção de caraterísticas.

No método BoW, obtêm-se diferentes níveis de poder discriminativo utilizando os descritores de caraterísticas acima referidos. Estes descritores ajudam na representação de caraterísticas que, em última análise, afectam a precisão da anotação em BoG. Em [21], os autores utilizaram diferentes números de palavras visuais com diferentes esquemas de ponderação para obter a exatidão da classificação para diferentes caraterísticas BoW. A quantização do vetor afecta negativamente e reduz o poder de discriminação de uma imagem, pelo que [44] propõe caraterísticas SIFT agrupadas em grupos locais.

O pseudo-objeto é outra representação de caraterísticas proposta em [6], para representar uma área local para aproximar pontos de interesse. Os autores em [13] combinam múltiplas caraterísticas complementares para a representação de

17

caraterísticas. Mais tarde, utiliza-se a aprendizagem de margem máxima para fundir diferentes caraterísticas [31] e a fotografia para a classificação ao nível da categoria [14].

2.2.3 Quantização dos descritores em palavras (vetor de código)

Uma vez identificado o ponto-chave e extraídas as caraterísticas em torno dele, os vectores de caraterísticas são quantizados para a criação de vectores de código [20]. A necessidade de quantização é minimizar o número de vectores de código e também aumentar a sua frequência. A quantização do subespaço é feita através da decomposição do espaço de caraterísticas num produto cartesiano de subespaços de baixa dimensão. Por outras palavras, pode afirmar-se que o código curto representa um vetor utilizando índices de quantização do subespaço. A quantização suave do vetor foi utilizada em [1] porque uma quantização abrupta pode resultar em aliasing. Na quantização vetorial suave, mostra-se que as misturas gaussianas de covariância diagonal têm melhor desempenho do que a quantização vetorial dura. Num trabalho semelhante, [11] propõe um modelo de mistura gaussiana que generaliza o k-means e explora a informação supervisionada. Esta exploração da informação supervisionada melhora o poder de discriminação do agrupamento.

No seu trabalho, o método de maximização de expectativas é utilizado para otimizar dois critérios diferentes, o primeiro não supervisionado baseado na probabilidade dos dados de treino e o segundo supervisionado baseado na pureza dos clusters. Noutro trabalho, é proposto o modelo semantics preserving Bag of Words (SPBoW) [43]. Esta abordagem tenta aprender um livro de códigos minimizando a distância entre as caraterísticas semanticamente idênticas. Como resultado, são geradas várias palavras visuais utilizando uma caraterística visual em diferentes categorias de objectos.

Num trabalho recente, [36] propõe dois algoritmos para combinar programação paralela e hardware GPU. O artigo conclui que o método proposto ajudou a acelerar os componentes de quantização e classificação da Arquitetura de Categorização Visual. Noutro trabalho, [16] utilizou caraterísticas de inversão de intensidade do detetor SIFT e detectores de regiões de interesse local. Demonstrou-se que diminui o tempo necessário para criar vocabulário.

2.2.4 Geração de livros de códigos

O livro de códigos é a coleção dos vectores de códigos. Para gerar o livro de códigos, definimos um número fixo de clusters. Estes clusters não são mais do que a coleção de manchas semelhantes (vectores de código) que também são designadas por palavras semelhantes na analogia Bag of Words. Cada caraterística matricial é mapeada para um vetor de código utilizando o agrupamento de média K [3]. Após o mapeamento, temos K clusters, ou seja, K vectores de código. Assim, cada vetor de código é considerado como uma palavra visual e o livro de códigos é considerado como um dicionário visual, como se pode ver na figura 2.7. O comprimento de cada vetor de código representa as suas frequências na base de dados. Este livro de códigos é designado por saco de palavras.

Estas palavras visuais representam imagens que podem ser repetitivas ou distintas, dependendo das caraterísticas presentes nas imagens. Assim, o livro de códigos gerado deve ser suficientemente eficiente para diferenciar imagens diferentes e também identificar imagens semelhantes.

Este livro de códigos pode ser gerado utilizando métodos de agrupamento não supervisionados ou supervisionados. Em [46], o livro de códigos é gerado utilizando imagens sob a forma de documentos visuais. Neste trabalho, são propostas palavras visuais descritivas e frases visuais descritivas, em que as frases visuais representam pares de palavras visuais que ocorrem frequentemente. Em [12], a geometria da imagem é utilizada para encontrar as caraterísticas da imagem que se encontram quase numa localização física semelhante, mas que são atribuídas a palavras diferentes. Foram utilizadas imagens de referência para este caso, em que a geometria da imagem tem um papel muito significativo.

Noutro trabalho, [28] constrói um livro de códigos utilizando as etiquetas de classe da imagem em duas partes. A primeira parte é a Maximização da Precisão do Agrupamento e a segunda parte

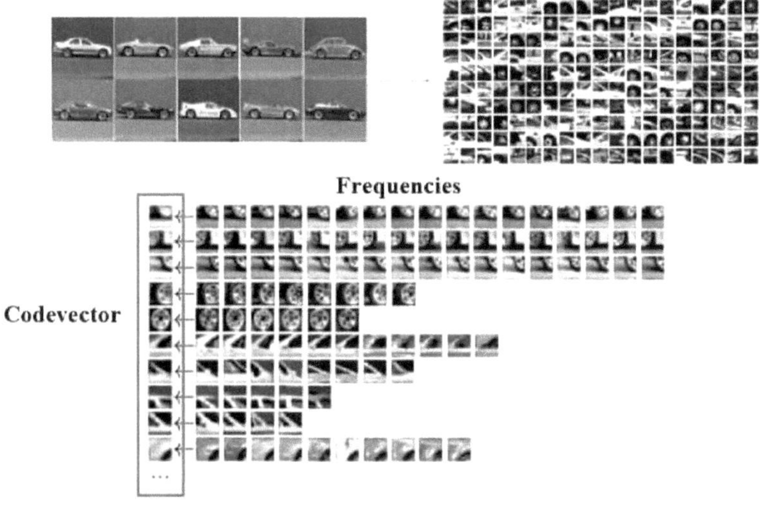

Figura 2.7: Um exemplo de geração de livro de códigos. Na figura, as imagens dos automóveis foram divididas em pequenas manchas. Agora, cada pedaço foi atribuído a uma das classes, ou seja, pneus, janelas, portas, etc.; também designado por vetor de código. O livro de códigos foi preparado traçando cada vetor de código em função da sua frequência. Imagem cortesia: B. Leibe [24].

é o Refinamento Adaptativo. Na primeira parte, o algoritmo de agrupamento RNN é utilizado para gerar palavras visuais e, na segunda parte, é proposta uma abordagem de refinamento adaptativo do limiar. Esta abordagem tem como objetivo aumentar a compactação do vocabulário e melhorar a taxa de reconhecimento.

Posteriormente, foram propostos três métodos diferentes para a construção do livro de códigos visuais em [29]. O primeiro método baseia-se na escolha aleatória de pontos de interesse para criar um livro de códigos individual diverso. O segundo método baseia-se na formação aleatória de um conjunto de dados de imagens. O terceiro método baseia-se na utilização de diferentes informações sobre as manchas para criar um livro de códigos com grande diversidade. Assim, foram obtidos diferentes tipos de representações de imagens. Num trabalho recente, [40] propõe o método das frases visuais, que permite ler palavras visuais para formar uma espécie de texto ou frase. Na abordagem proposta, é utilizada uma relação espacial simples entre estas palavras para representar a imagem.

2.2.5 Aprender um classificador

Uma vez que os vectores de código são divididos em diferentes clusters, o problema da classificação de imagens é convertido em aprendizagem supervisionada multi-classe. O número de classes depende do número de objectos a classificar. O classificador começa por aprender os parâmetros estatísticos a partir do conjunto de dados de treino e, por fim, aplica

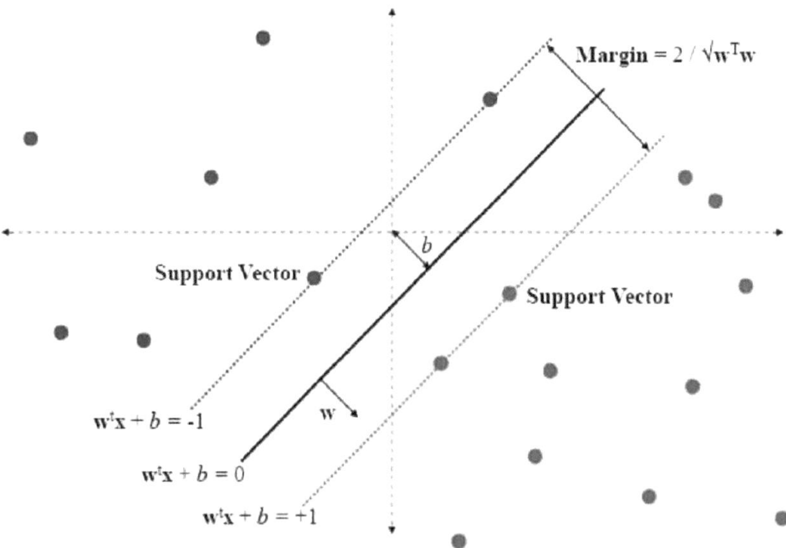

Figura 2.8: Uma ilustração da classificação SVM destes dados para a tomada de decisões no conjunto de dados de teste.

O classificador SVM [42] calcula um hiperplano que melhor separa os dados de duas classes utilizando a abordagem da margem máxima. Para determinadas observações X e as etiquetas correspondentes Y, que assumem valores ±1, encontra-se uma função de classificação:

$$\begin{cases} w^T x_i + b \geq 1 & \text{for } \forall i \text{ such that } y_i = +1 \\ w^T x_i + b \leq 1 & \text{for } \forall i \text{ such that } y_i = -1 \end{cases} \qquad (2.3)$$

onde os vetores de caraterísticas $x_i \in R^n$ e o rótulo de saída $y_i \in +1, -1$. w e b representam os parâmetros do hiperplano.

2.3 O modelo CNN

A classificação de imagens de acordo com o seu conteúdo visual tem sido uma área importante de investigação nos últimos anos. Inicialmente, a classificação foi efectuada com recurso a um saco de palavras [7] que utiliza alguns extractores de caraterísticas e classificadores. Foram utilizados vários detectores de caraterísticas artesanais, como o scale-invariant feature transform (SIFT) [27], o histograma de gradientes orientados (HOG) [9], o speed up robust features (SURF) [2], o Features from accelerated segment test (FAST) [33]; que são depois aplicados a certos classificadores, como o k nearest neighbours (KNN) [3], o support vetor machines (SVM [42]). As caraterísticas e os classificadores são tratados separadamente, pelo que foi difícil trabalhar em simultâneo para maximizar o desempenho dos dois. Além disso, para lidar com a variabilidade intra-classe de um objeto, é necessário dispor de um grande conjunto de dados, o que, mais uma vez, era uma tarefa difícil de tratar com um conjunto de dados tão grande utilizando estes métodos.

Recentemente, as redes neuronais convolucionais profundas (CNN) ultrapassaram estes métodos na classificação visual [22]. Nas CNN, uma imagem de entrada é processada em várias camadas para extrair as caraterísticas hierárquicas e de alto nível. Le Cun et. al [8] obtiveram excelentes resultados na classificação de dígitos escritos à mão. Não só tem sido utilizada para a deteção e classificação de objectos [32], como também tem sido utilizada para outras aplicações, como a verificação de rostos [45] e a identificação de cancro da mama [41].

Nas CNNs, cada camada é treinada camada a camada. O treino corresponde à atualização dos parâmetros (pesos e enviesamentos) de cada camada. Utilizando CNNs, é também possível representar as caraterísticas de uma forma hierárquica, de modo a que as caraterísticas importantes recebam pesos mais elevados do que outras. A introdução de GPUs e a sua utilização na aprendizagem automática [37] deu origem a modelos CNN a utilizar em aplicações de grandes bases de dados de imagens. Atualmente, é muito fácil e eficiente treinar conjuntos de dados enormes, como o ImageNet, com milhões de parâmetros.

2.3.1 Arquitetura da CNN

A CNN é composta por muitas camadas e milhares de milhões de parâmetros. É importante compreender por que razão as CNN têm um bom desempenho em conjuntos de dados enormes. Nesta secção, forneceremos breves detalhes sobre as diferentes camadas envolvidas na arquitetura com uma pequena ilustração. O modelo CNN apresentado no exemplo contém um total de sete camadas, ou seja, 4 camadas de convolução, incluindo camadas de agrupamento, 1 camada de achatamento e 2 camadas totalmente ligadas, como mostra a figura 2.9.

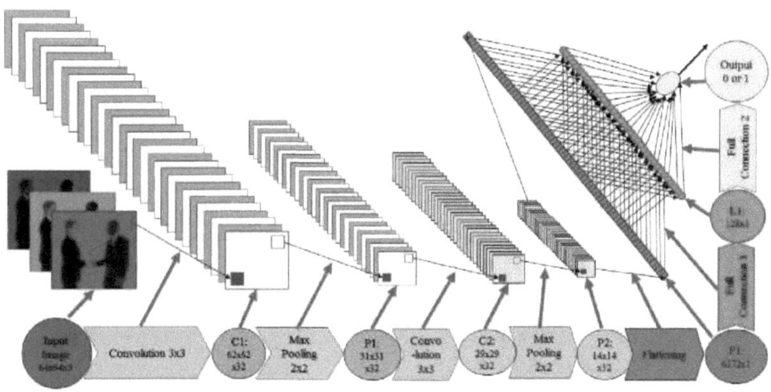

Figura 2.9: A arquitetura da nossa rede neural convolucional profunda.

2.3.1.1 Camada convolucional

A camada convolucional é uma parte importante e inicial da CNN. A saída de cada camada de convolução é designada por *mapa de caraterísticas*. O mapa de caraterísticas é o resultado de um núcleo de convolução (*detetor de caraterísticas*) aplicado sobre uma imagem completa. A figura 2.10 apresenta um exemplo de uma convolução discreta.

Na CNN profunda, estão a ser utilizadas várias camadas de convolução. Consideremos que se trata de uma camada i^{th} e que o número de mapas de caraterísticas associados a esta camada i^{th} é N^i. Cada mapa de caraterísticas pode ser denotado por f_y^i $(y =1, 2, N^i$). Esta camada de convolução contém um conjunto de detectores de caraterísticas w_{xy}^i (kernel no caso da convolução discreta) xy que liga o mapa de caraterísticas $x^{th} f_x^{(i-1)}$ $(x =1, 2, N^{(i-1)}$) da camada $(i - 1)^{th}$ com

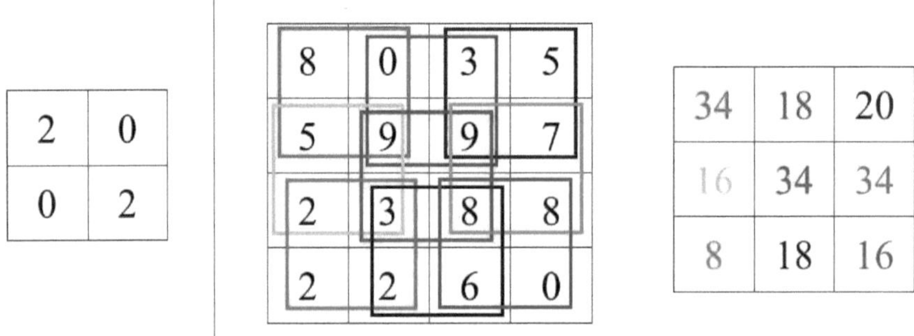

(a) A 2 × 2 kernel   (b) The convolutional input and output

Figura 2.10: Um núcleo de convolução 2 × 2 (detetor de caraterísticas) é aplicado no topo de uma área específica de uma imagem de entrada. O resultado (mapa de caraterísticas) é a soma do produto dos números da área de sobreposição entre a imagem de entrada e o núcleo de convolução. Por exemplo, se considerarmos a área coberta por um quadrado verde, o resultado será $8 \times 2 + 0 \times 0 + 5 \times 0 + 9 \times 2 = 34$, que é representado na caixa de saída com o mesmo tipo de letra verde. De forma semelhante, movemos o núcleo ao longo da imagem até chegar ao limite inferior. Os resultados são apresentados em cores diferentes, correspondendo às diferentes áreas cobertas pelos respectivos quadrados coloridos. .

o mapa de caraterísticas y^{th} f_y^i na camada i^{th}. f_y^i pode ser obtido através da seguinte equação [10]

$$f_y^i = \Psi\left(\sum_{x=1}^{N^{(i-1)}} f_x^{(i-1)} * w_{xy}^i + b^i \right) \tag{2.4}$$

Cada detetor de caraterísticas w_{xy}^i é convolucionado com todos os mapas de caraterísticas $fx^{(i-1)}$. Os resultados são adicionados e, ao contrário da convolução discreta, um viés adicional b^i é anexado à soma. Esta polarização acrescenta um parâmetro adicional e ajuda a CNN a aprender caraterísticas complexas.

2.3.1.2 Camada de Pooling

A camada de agrupamento é útil para reduzir a amostragem do mapa de caraterísticas e fornece um mapa de caraterísticas agrupado. Introduz também a invariância de pequenas translações e, por conseguinte, reduz o sobreajuste. Devido às dimensões reduzidas dos mapas de caraterísticas, a aprendizagem da CNN também se torna mais fácil. A camada de agrupamento não introduz novos parâmetros (pesos ou enviesamentos) na rede. Há vários métodos de agrupamento disponíveis, como o agrupamento máximo, o agrupamento de soma, o agrupamento médio, etc. O pooling médio era uma prática comum, mas os modelos mais recentes utilizavam o pooling máximo porque o seu desempenho era melhor [4].

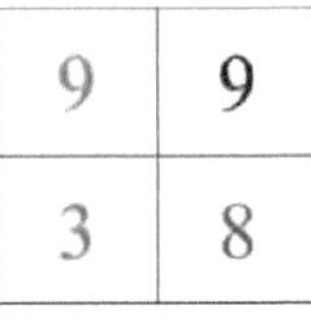

2 × 2 max pooling input and output

Figura 2.11: No max pooling, o quadrado n × n é aplicado sobre uma imagem de entrada. Neste exemplo, estamos a utilizar um quadrado 2 × 2. O valor máximo sob a área quadrada é considerado o resultado desta área e, de forma semelhante, todos os resultados são calculados, como se pode ver na figura. A figura acima mostra claramente que uma imagem de entrada 4 × 4 foi reduzida a uma imagem 2 × 2.

34	18	20
16	26	50
8	72	11

34
16
8
18
26
72
20
50
11

Entrada de mapa de caraterísticas 3×3 e saída vectorizada 9 × 1

Figura 2.12: Vectorização de uma entrada 3 × 3 para uma saída 9 × 1. No processo de vectorização

o vetor n × n é convertido em saída (n × n) × 1, cada coluna é dividida e fundida como se vê na figura.

2.3.1.3 Camada de aplanamento

Para uma melhor representação e tratamento dos dados, a saída dos mapas de caraterísticas agrupados é enviada para a camada de nivelamento antes das camadas totalmente ligadas. A camada de achatamento efectua a vectorização em cada mapa de caraterísticas e, no final, concatena-os. O exemplo de vectorização é apresentado na figura 2.12.

2.3.1.4 Camada totalmente conectada

As camadas totalmente ligadas efectuam a tarefa de classificação. Pode ser uma camada única ou uma combinação de várias camadas. A primeira camada totalmente ligada recebe a saída achatada como entrada. Todas as saídas são alimentadas a todas as entradas, razão pela qual é designada por camadas totalmente ligadas. A ideia subjacente a este procedimento é fazer combinações de diferentes mapas de caraterísticas. Como mostra a figura 2.9, se a saída da camada de achatamento (camada 5) é f^5 . Então, a saída da primeira camada totalmente conectada pode ser definida por $f^6 = \Psi(w^6 * f^5 + b^6)$; onde w^6 e b^6 são os respectivos pesos e bias correspondentes a esta camada e $\Psi(.)$ é a função ReLU. A última camada totalmente conectada é a camada de saída, que contém uma saída binária (correspondente a um classificador de duas classes, só pode ter duas saídas: 1 para uma classe ou 0 para outra classe; semelhante à probabilidade). Para calcular a saída final, a saída da primeira camada totalmente ligada f^6 é aplicada como entrada à camada final.

$$f^7 = \sum_{a=1}^{n} f_a^6 * w_a^7 + b^7 \tag{2.5}$$

em que w^7 e b^7 são os respectivos pesos e enviesamentos correspondentes a esta camada, f^7 é um parâmetro de saída (não a saída exacta) que vai ser utilizado para calcular a saída final e $a = 1, 2, ..n$ em que n é o número de saídas da primeira camada totalmente ligada (neste caso é 128). Finalmente, para converter o parâmetro de saída f^7 numa saída binária, passa-se por uma função sigmoide.

2.3.1.5 Função de ativação

Nas discussões anteriores, utilizámos alguns termos como a função ReLU e a função sigmoide. Estes termos são designados por funções de ativação. As funções de ativação são muito importantes para a aprendizagem das CNN. Desempenham duas funções: em primeiro lugar, decidem se devem ou não ativar um determinado neurónio em função do resultado. Em segundo lugar, acrescentam propriedades não lineares à nossa rede. Se não for adicionada uma função de ativação à rede, esta será uma rede linear simples. Este tipo de rede é bom para padrões simples, mas para padrões complexos é necessária a não linearidade. Algumas funções de ativação são explicadas a seguir:

- Função linear

Uma função de linha reta em que a ativação é proporcional à entrada (que é a soma ponderada do neurónio). A função pode ser definida como :

$$\sigma(x) = mx \tag{2.6}$$

em que m é o declive.

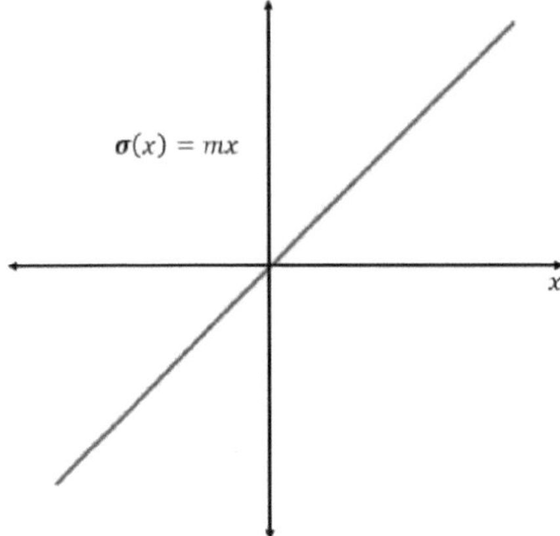

Figura 2.13: O gráfico da função linear.

- Unidade Linear de Retificação (ReLU)

É a função de ativação mais utilizada, uma vez que funciona melhor com imagens [19]. É definido como:

$$\Psi(x) = max(0, x) \qquad (2.7)$$

O mapa de caraterísticas f_y^i pode ser positivo, negativo ou zero. Os nossos detectores de caraterísticas são mapeados de forma a que o mapa de caraterísticas produzido produza um valor positivo quando uma caraterística ou padrão específico for identificado, caso contrário será negativo ou zero. O ReLU elimina todos os valores inferiores a 0 e, por conseguinte, reduz o sobreajuste ao forçar a não linearidade e também

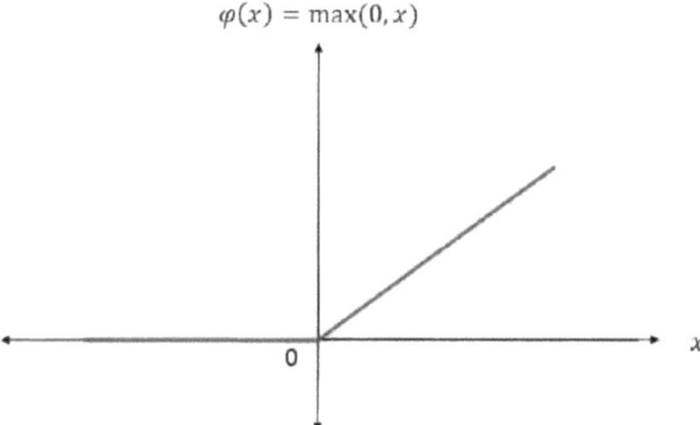

Figura 2.14: O gráfico da função ReLU.

ajuda o CNN a aprender mais depressa.

- Função Sigmoide

A função sigmoide σ(x) é apresentada na figura 2.15. Como procuramos uma saída binária, a função sigmoide [15] produz sempre um valor entre 0 e 1 que pode ser facilmente convertido numa saída binária utilizando um limiar.

Finalmente, para converter o parâmetro de saída f^7 numa saída binária, este é passado através de uma função sigmoide:

$$\hat{O} = \frac{1}{1 + e^{-f^7}} \tag{2.8}$$

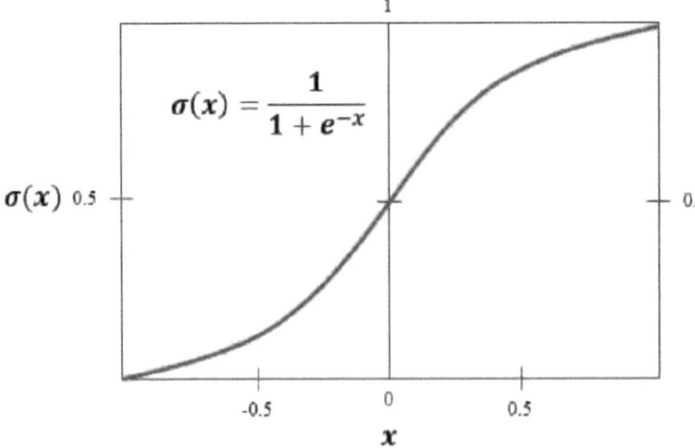

Figura 2.15: O gráfico da função Sigmoide.

em que $\hat{O}$ é o resultado final calculado, que varia entre 0 e 1.

- Função tangente hiperbólica

A função tangente hiperbólica é semelhante à função sigmoide. A única diferença é que a sua saída varia entre -1 e +1. A função tangente hiperbólica pode ser definida como:

$$\sigma(x) = \frac{1 - e^{-2x}}{1 + e^{-2x}} \tag{2.9}$$

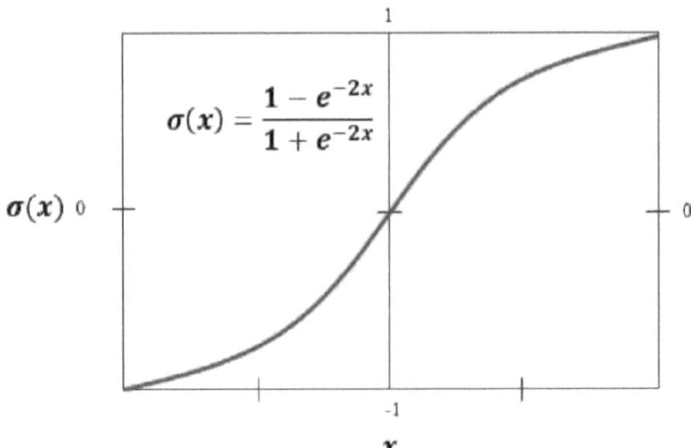

Figura 2.16: O gráfico da função tangente hiperbólica.

2.3.2 Treinar a rede neural convolucional

O treino da rede é o processo de atualização dos parâmetros da rede de modo a que a função de perda seja minimizada. Na nossa CNN profunda, precisamos de atualizar os pesos e as polarizações (w^i, b^i) das camadas de convolução e totalmente ligadas (note-se que todos os pesos e polarizações são inicializados perto de zero). A função de entropia cruzada é utilizada como função de perda. A entropia cruzada entre os rótulos calculados $\hat{O}$ e o rótulo verdadeiro O tem de ser minimizada, em que O $=[0, 1]$ corresponde a resultados binários. A função de entropia cruzada pode ser dada pela seguinte equação:

$$C_E = -\sum_{a=1}^{n} O \log \hat{O} \tag{2.10}$$

em que a $=1,...$, ne n é o tamanho do lote de imagens após o qual os parâmetros são actualizados.

Uma vez calculada a função de perda, os parâmetros são actualizados utilizando as seguintes equações através da descida do gradiente estocástico [8].

$$w^i := w^i - \beta.\frac{\partial C_E}{\partial w^i} \tag{2.11}$$

$$b^i := b^i - \beta.\frac{\partial C_E}{\partial b^i} \tag{2.12}$$

em que i é a camada atual e w^i e b^i são os pesos e as polarizações da camada i[th], respetivamente. β é a taxa de aprendizagem e $\frac{\partial C_E}{\partial w^i}$ e $\frac{\partial C_E}{\partial b^i}$ são as derivadas parciais da função de entropia cruzada em relação a w^i e b^i , respetivamente. Estes parâmetros podem ser calculados e actualizados utilizando a retropropagação da camada de saída para a camada i^{th} .

2.3.3 Evolução das redes neuronais de convolução

Em 1998, Le Cun introduziu uma CNN para a classificação de dígitos manuscritos do Modified National Institute of Standards and Technology (MNIST) [23]. O conjunto de dados contém

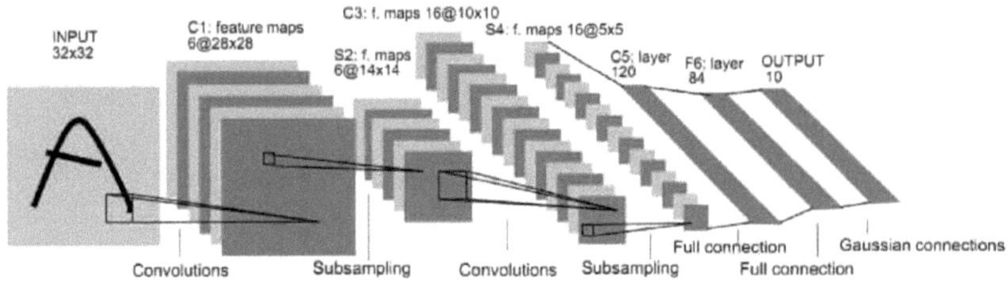

Figura 2.17: A arquitetura do Lenet 5 [23].

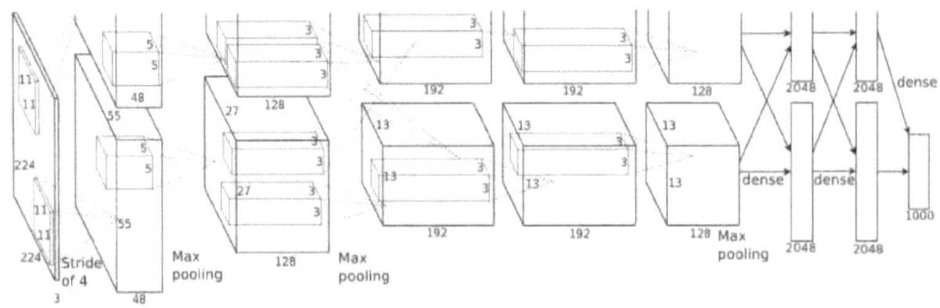

Figura 2.18: A arquitetura da Alexnet [22].

contém 70000 dígitos. A arquitetura é designada por Le-net 5 (figura 2.17). Utiliza o agrupamento de médias e a função sigmoide para a não linearidade.

Os modelos CNN recentes são avaliados pelo seu desempenho no desafio ImageNet. O AlexNet foi introduzido por Krizhevsky et. al. [22] em 2012. Utilizaram o max pooling e a função ReLU para a não linearidade. Tratava-se de um modelo muito grande, com cerca de 60 milhões de parâmetros.

Em 2014, Szegedy et al. [39] introduziram a GoogLeNet, reduzindo o número de parâmetros exigidos pela Alexnet. A principal caraterística dessa arquitetura é a melhor utilização dos recursos computacionais dentro da rede. Também, no mesmo ano, foi introduzida a VG- GNet [38], que obteve bom desempenho devido à profundidade da rede. Em 2015, foi proposta a ResNet [18], com redes ainda mais profundas.

3 Conclusão

Neste livro, analisámos o crescimento da investigação no domínio da classificação de imagens, juntamente com os desafios. A extração de caraterísticas de baixo nível utilizando modelos BOW foi estudada. Ficámos a conhecer vários detectores de caraterísticas juntamente com a geração de descritores. Vimos também como os vectores de caraterísticas são quantizados para a geração de descritores e como se faz o agrupamento para a preparação do livro de códigos. O classificador SVM foi utilizado para separar diferentes classes utilizando a abordagem de margem máxima.

Noutro capítulo, estudámos a transferência do problema da classificação de imagens para redes neuronais convolucionais profundas. As vantagens das caraterísticas de alto nível extraídas pelas CNN sobre os inconvenientes das caraterísticas de baixo nível foram estudadas com êxito. O manuseamento da base de dados e o poder de aprendizagem das CNN são verdadeiramente espantosos. As CNN têm várias camadas, em que cada camada tem uma tarefa específica. A não linearidade imposta pela função de ativação permite que a CNN aprenda caraterísticas complexas.

A classificação de imagens tem uma vasta área de investigação ainda em aberto. Atualmente, estão a ser explorados alguns problemas alargados, como a anotação de imagens, o reconhecimento de objectos e a geração de descrições. Não está longe o dia em que seremos capazes de pesquisar conteúdos a partir de imagens.

Bibliografia

[1] Agarwal, A., Triggs, B.: Hyperfeatures - codificação local multinível para reconhecimento visual. Em: Actas da 9ª Conferência Europeia sobre Visão por Computador - Volume Parte I, ECCV'06, pp. 30-43. SpringerVerlag, Berlim, Heidelberg (2006). DOI 10.1007/117440233. URL http://dx.doi.org/10.1007/117440233

[2] Bay, H., Ess, A., Tuytelaars, T., Van Gool, L.: Speed-up robust features (surf). Comput. Vis. Image Underst. 110(3), 346-359 (2008). DOI 10.1016/j.cviu.2007.09.014. URL http://dx.doi.org/10.1016/j.cviu.2007.09.014

[3] Boser, B.E., Guyon, I.M., Vapnik, V.N.: Um algoritmo de formação para classificadores de margem óptima. In: Proceedings of the Fifth Annual Workshop on Computational Learning Theory, COLT '92, pp. 144-152. ACM, Nova Iorque, NY, EUA (1992). DOI 10.1145/130385.130401. URL http://doi.acm.org/10.1145/130385.130401

[4] lan Boureau, Y., Ponce, J., Lecun, Y.: Uma análise teórica do agrupamento de caraterísticas no reconhecimento visual. In: J. Frnkranz, T. Joachims (eds.) Proceedings of the 27th International Conference on Machine Learning (ICML-10), pp. 111-118. Omnipress (2010). URL http://www.icml2010.org/papers/638.pdf

[5] Calonder, M., Lepetit, V., Strecha, C., Fua, P.: BRIEF: Binary Robust Independent Elementary Features, pp. 778-792. Springer Berlin Heidelberg, Berlim, Heidelberg (2010). DOI 10.1007/978-3-642-15561-156. URL

https://doi.org/10.1007/978-3-642-15561-156

[6] Chen, K.T., Lin, K.H., Kuo, Y.H., Wu, Y.L., Hsu, W.H.: Impulsionar a recuperação e indexação de objectos de imagem através da descoberta automática de pseudo-objectos. Journal of Visual Communication and Image Representation 21(8), 815 - 825 (2010). DOI https://doi.org/10.1016/j.jvcir.2010.06.003. URL http://www.sciencedirect.com/science/article/pii/S104732031000091X. Pesquisa de imagens e vídeos em grande escala: Desafios, Tecnologias e Tendências

[7] Csurka, G., Bray, C., Dance, C., Fan, L.: Categorização visual com sacos de pontos-chave. Workshop sobre aprendizagem estatística em visão computacional, ECCV pp. 1-22 (2004)

[8] Cun, Y.L., Boser, B., Denker, J.S., Howard, R.E., Habbard, W., Jackel, L.D., Henderson, D.: Avanços em sistemas de processamento de informação neural 2. cap. Handwritten Digit Recognition with a Back-propagation Network (Reconhecimento de dígitos manuscritos com uma rede de retropropagação), pp. 396-404. Morgan Kaufmann Publishers Inc., São Francisco, CA, EUA (1990). URL http://dl.acm.org/citation.cfm?id=109230.109279

[9] Dalal, N., Triggs, B.: Histogramas de gradientes orientados para a deteção humana. Em: 2005 IEEE Computer Society Conference on Computer Vision and Pattern Recognition (CVPR'05), vol. 1, pp. 886-893 vol. 1 (2005). DOI 10.1109/CVPR.2005.177

[10] Dumoulin, V., Visin, F.: Um guia para aritmética de convolução para aprendizagem profunda. CoRR abs/1603.07285 (2016)

[11] Fernando, B., Fromont, E., Muselet, D., Sebban, M.: Su pervised learning of gaussian mixture models for visual vocabulary generation. Pattern Recognition 45(2), 897 - 907

(2012).   DOI   https://doi.org/10.1016/j.patcog.2011.07.021.   URL http://www.sciencedirect.com/science/article/pii/S0031320311003098

[12] Gavves, E., Snoek, C.G., Smeulders, A.W.: Sinónimos visuais para recuperação de imagens de marcas terrestres. Computer Vision and Image Understanding 116(2), 238-249   (2012).   DOI   https://doi.Org/10.1016/j.cviu.2011.10.004.   URL http://www.sciencedirect.com/science/article/pii/S1077314211002153

[13] Gehler, P., Nowozin, S.: Sobre a combinação de caraterísticas para a classificação de objectos multiclasse. Em: 2009 IEEE 12th International Conference on Computer Vision, pp. 221-228 (2009). DOI 10.1109/ICCV.2009.5459169

[14] van Gemert, J.C.: Explorar o estilo fotográfico para a classificação de imagens ao nível da categoria através da generalização da pirâmide espacial. In: Actas da 1.ª Conferência Internacional da ACM sobre Recuperação de Multimédia, ICMR '11, pp. 14:1-14:8. ACM, Nova Iorque, NY, EUA (2011). DOI 10.1145/1991996.1992010. URL http://doi.acm.org/10.1145/1991996.1992010

[15] Han, J., Moraga, C.: A influência dos parâmetros da função sigmoide na velocidade de aprendizagem do backpropagation. In: Actas do Workshop Internacional sobre Redes Neuronais Artificiais: From Natural to Artificial

Computação Neural, IWANN '96, pp. 195-201. Springer-Verlag, Londres, Reino

Unido (1995). URL http://dl.acm.org/citation.cfm?id=646366.689307

[16] Hare, J.S., Samangooei, S., Lewis, P.H.: Agrupamento e quantificação eficientes de caraterísticas sift: Explorando as caraterísticas do descritor de sift e dos detectores de regiões de interesse sob inversão de imagem. Em: Actas da 1ª Conferência Internacional da ACM sobre Recuperação de Multimédia, ICMR '11, pp. 2:1-2:8. ACM, Nova Iorque, NY, EUA (2011). DOI 10.1145/1991996.1991998. URL http://doi.acm.org/10.1145/1991996.1991998

[17] Harris, C., Stephens, M.: Um detetor combinado de cantos e bordas. Em: In Proc. of Fourth Alvey Vision Conference, pp. 147-151 (1988)

[18] He, K., Zhang, X., Ren, S., Sun, J.: Aprendizagem residual profunda para reconhecimento de imagens. CoRR abs/1512.03385 (2015). URL http://arxiv.org/abs/1512.03385

[19] He, K., Zhang, X., Ren, S., Sun, J.: Mergulhando fundo nos rectificadores: Ultrapassando o desempenho a nível humano na classificação da imagenet. Em: Anais da Conferência Internacional do IEEE sobre Visão Computacional (ICCV) de 2015, ICCV '15, pp. 1026-1034. Sociedade de Computação IEEE,

Washington, DC, EUA (2015). DOI 10.1109/ICCV.2015.123. URL http://dx.doi.org/10.1109/ICCV.2015.123

[20] Jegou, H., Douze, M., Schmid, C.: Quantização de produtos para a pesquisa do vizinho mais próximo. IEEE Transactions on Pattern Analysis and Machine Intelligence 33(1), 117-128 (2011). DOI 10.1109/TPAMI.2010.57

[21] Jiang, Y.G., Yang, J., Ngo, C.W., Hauptmann, A.G.: Representações da deteção de conceitos semânticos com base em pontos-chave: Um estudo abrangente. IEEE Transactions on Multimedia 12(1), 42-53 (2010). DOI 10.1109/TMM.2009.2036235

[22] Krizhevsky, A., Sutskever, I., Hinton, G.E.: Classificação de imagens com redes neurais convolucionais profundas. Em: Anais da 25ª Conferência Internacional sobre Sistemas de Processamento de Informações Neurais, NIPS'12, pp. 1097-1105. Curran Associates Inc., EUA (2012). URL http://dl.acm.org/citation.cfm?id=2999134.2999257

[23] Lecun, Y., Bottou, L., Bengio, Y., Haffner, P.: Aprendizagem baseada em gradientes aplicada ao reconhecimento de documentos. Proceedings of the IEEE 86(11), 22782324 (1998). DOI 10.1109/5.726791

[24] Leibe, B., Leonardis, A., Schiele, B.: Deteção robusta de objectos com categorização e segmentação intercaladas. Int. J. Comput. Vision 77(1-3), 259-289 (2008). DOI 10.1007/s11263-007-0095-3. URL http://dx.doi.org/10.1007/s11263-007-0095-3

[25] Lewis, D.D.: Naive (Bayes) at forty: The independence assumption in information retrieval, pp. 4-15. Springer Berlin Heidelberg, Berlim, Heidelberg (1998). DOI 10.1007/BFb0026666. URL https://doi.org/10.1007/BFb0026666

[26] Lindeberg, T.: Deteção de caraterísticas com seleção automática de escala. Jornal Internacional de Visão por Computador 30(2), 79-116 (1998). DOI 10.1023/A:1008045108935. URL https://doi.org/10.1023/A:1008045108935

[27] Lowe, D.G.: Caraterísticas distintivas da imagem a partir da escala pontos-chave invariantes. Int. J. Comput. Vision 60(2), 91-110 (2004). DOI 10.1023/B:VISI.0000029664.99615.94. URL https://doi.org/10.1023/B:VISI.0000029664.99615.94

[28] Lpez-Sastre, R., Tuytelaars, T., Acevedo-Rodrguez, F., Maldonado- Bascn, S.: Para um vocabulário visual mais discriminativo e semântico. Computer Vision and Image Understanding 115(3), 415 -

425 (2011). DOI https://doi.org/10.1016/j.cviu.2010.10.009. URL http://www.sciencedirect.com/science/article/pii/S1077314210002407. Edição especial sobre computação de imagem e vídeo orientada a caraterísticas para a extração de contextos e semântica

[29] Luo, H.L., Wei, H., Lai, L.L.: Criação de conjuntos de livros de códigos visuais eficientes para categorização de objectos. IEEE Transactions on Systems, Man, and Cybernetics - Part A: Systems and Humans 41(2), 238-253 (2011). DOI 10.1109/TSMCA.2010.2064300

[30] Ojala, T., Pietikinen, M., Harwood, D.: Um estudo comparativo de medidas de textura com classificação baseada em distribuições de caraterísticas 29, 51-59 (1996)

[31] Qin, J., Yung, N.H.: Fusão de caraterísticas dentro da região local usando aprendizagem localizada de margem máxima para categorização de cenas. Pattern Recognition 45(4), 1671 - 1683 (2012). DOI https://doi

.org/10.1016/j.patcog.2011.09.027.URL

http://www.sciencedirect.com/science/article/pii/S0031320311004092

[32] Razavian, A.S., Azizpour, H., Sullivan, J., Carlsson, S.: Caraterísticas da CNN disponíveis no mercado: Uma linha de base surpreendente para o reconhecimento. Em: Anais da Conferência IEEE de 2014 sobre Visão Computacional e Oficinas de Reconhecimento de Padrões, CVPRW '14, pp. 512-519. IEEE Computer Society, Washington, DC, EUA (2014). DOI 10.1109/CVPRW.2014.131. URL http://dx.doi.org/10.1109/CVPRW.2014.131

[33] Rosten, E., Drummond, T.: Aprendizagem automática para a deteção de cantos a alta velocidade. Em: Actas da 9ª Conferência Europeia sobre Visão por Computador - Volume Parte I, ECCV'06, pp. 430-443. SpringerVerlag, Berlim, Heidelberg (2006). DOI 10.1007/1174402334. URL http://dx.doi.org/10.1007/1174402334

[34] Rublee, E., Rabaud, V., Konolige, K., Bradski, G.: Orb: Uma alternativa eficiente ao sift or surf. In: 2011 International Conference on Computer Vision, pp. 2564-2571 (2011). DOI 10.1109/ICCV.2011.6126544

[35] Salton, G.: Automatic Text Processing: The Transformation, Analysis, and Retrieval of Information by Computer. Addison-Wesley Longman Publishing Co., Inc., Boston, MA, EUA (1989)

[36] van de Sande, K.E.A., Gevers, T., Snoek, C.G.M.: Potenciando a categorização visual com a gpu. IEEE Transactions on Multimedia 13(1), 6070 (2011). DOI 10.1109/TMM.2010.2091400

[37] Simard, P.Y., Steinkrau, D., Buck, I.: Utilização de gpus para algoritmos de aprendizagem automática. 2013 12ª Conferência Internacional sobre Análise e Reconhecimento de Documentos 00, 1115-1119 (2005). DOI doi.ieeecomputersociety.org/10.1109/ICDAR.2005.251

[38] Simonyan, K., Zisserman, A.: Redes convolucionais muito profundas para o reconhecimento de imagens em grande escala. CoRR abs/1409.1556 (2014). URL http://arxiv.org/abs/1409.1556

[39] Szegedy, C., Liu, W., Jia, Y., Sermanet, P., Reed, S.E., Anguelov, D., Er- han, D., Vanhoucke, V., Rabinovich, A.: Going deeper with convolutions. CoRR abs/1409.4842 (2014). URL http://arxiv.org/abs/1409.4842

[40] Tirilly, P., Claveau, V., Gros, P.: Modelação de linguagem para a categorização de imagens com saco de palavras visuais. Em: Actas da Conferência Internacional de 2008 sobre Recuperação de Imagem e Vídeo baseada em Conteúdo, CIVR '08, pp. 249-258. ACM, Nova Iorque, NY, EUA (2008). DOI 10.1145/1386352.1386388. URL http://doi.acm.org/10.1145/1386352.1386388

[41] Veta, M., van Diest, P.J., Willems, S.M., Wang, H., Madabhushi, A., Cruz-Roa, A., Gonzalez, F., Larsen, A.B., Vestergaard, J.S., Dahl,

A.B., Cirean, D.C., Schmidhuber, J., Giusti, A., Gambardella, L.M., Tek, F.B., Walter, T., Wang, C.W., Kondo, S., Matuszewski, B.J., Pre- cioso, F., Snell, V., Kittler, J., de Campos, T.E., Khan, A.M., Rajpoot, N.M., Arkoumani, E., Lacle, M.M., Viergever, M.A., Pluim, J.P.: Avaliação de algoritmos para a deteção de mitoses em imagens histopatológicas de cancro da mama. Medical Image Analysis 20(1), 237 - 248 (2015).

DOI http://dx.doi.org/10.1016/j.media.2014.11.010. URL http://www.sciencedirect.com/science/article/pii/S1361841514001807

[42] Weston, J., Watkins, C.: Máquinas vectoriais de suporte multi-classe. Em: Relatório Técnico CSD-TR-98-04, Departamento de Ciência da Computação. Royal Holloway, Universidade de Londres (1998)

[43] Wu, L., Hoi, S.C.H., Yu, N.: Modelos e aplicações de bag-of-words com preservação da semântica. IEEE Transactions on Image Processing 19(7), 19081920 (2010). DOI 10.1109/TIP.2010.2045169

[44] Wu, Z., Ke, Q., Isard, M., Sun, J.: Agrupamento de caraterísticas para a pesquisa de imagens web parcialmente duplicadas em grande escala. Em: 2009 IEEE Conference on Computer Vision and Pattern Recognition, pp. 25-32 (2009). DOI 10.1109/CVPR.2009.5206566

[45] Yang, Y., Teo, C.L., Daume III, H., Aloimonos, Y.: Geração de frases guiadas por corpus de imagens naturais. In: Actas da Conferência sobre Métodos Empíricos no Processamento de Linguagem Natural, EMNLP '11, pp. 444-454. Associação para a Linguística Computacional, Stroudsburg, PA, EUA (2011). URL http://dl.acm.org/citation.cfm?id=2145432.2145484

[46] Zhang, S., Tian, Q., Hua, G., Huang, Q., Gao, W.: Geração de palavras visuais descritivas e frases visuais para aplicações de imagens em grande escala. IEEE Transactions on Image Processing 20(9), 2664-2677 (2011). DOI 10.1109/TIP.2011.2128333

Printed by Books on Demand GmbH, Norderstedt / Germany